Mein erster
WELTATLAS

Originaltexte von Marco Spada
Illustrationen von Maria Mantovani

Nelson

Sonne und Planeten

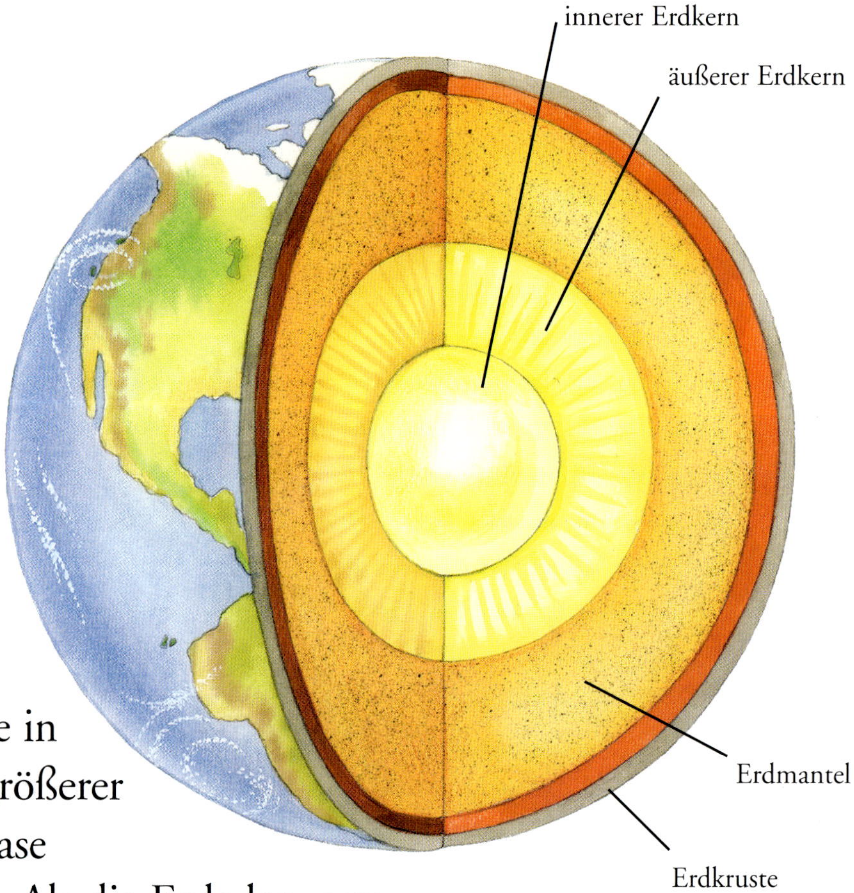

Die Erde gehört zu einer Gruppe von acht Planeten, die um die Sonne kreisen. Dieses Sonnensystem aus Sonne und Planeten ist vor Milliarden Jahren aus einer riesigen Wolke aus Gas und Staub entstanden. Eine riesige Materiemasse in der Mitte wurde zur Sonne, und in größerer Entfernung haben sich Felsen und Gase verbunden und die Planeten gebildet. Als die Erde langsam abkühlte, ist ihre äußere Schicht erhärtet und hat die Erdkruste gebildet. Tief darunter im Erdinneren ist es immer noch so heiß (3000 °C), dass Gestein und Metalle flüssig sind. Diese heiße Masse im Erdinneren nennt man Magma. Durch den Druck und die Hitze im Erdinneren kommt es zu Erd- oder Seebeben und Vulkanausbrüchen.

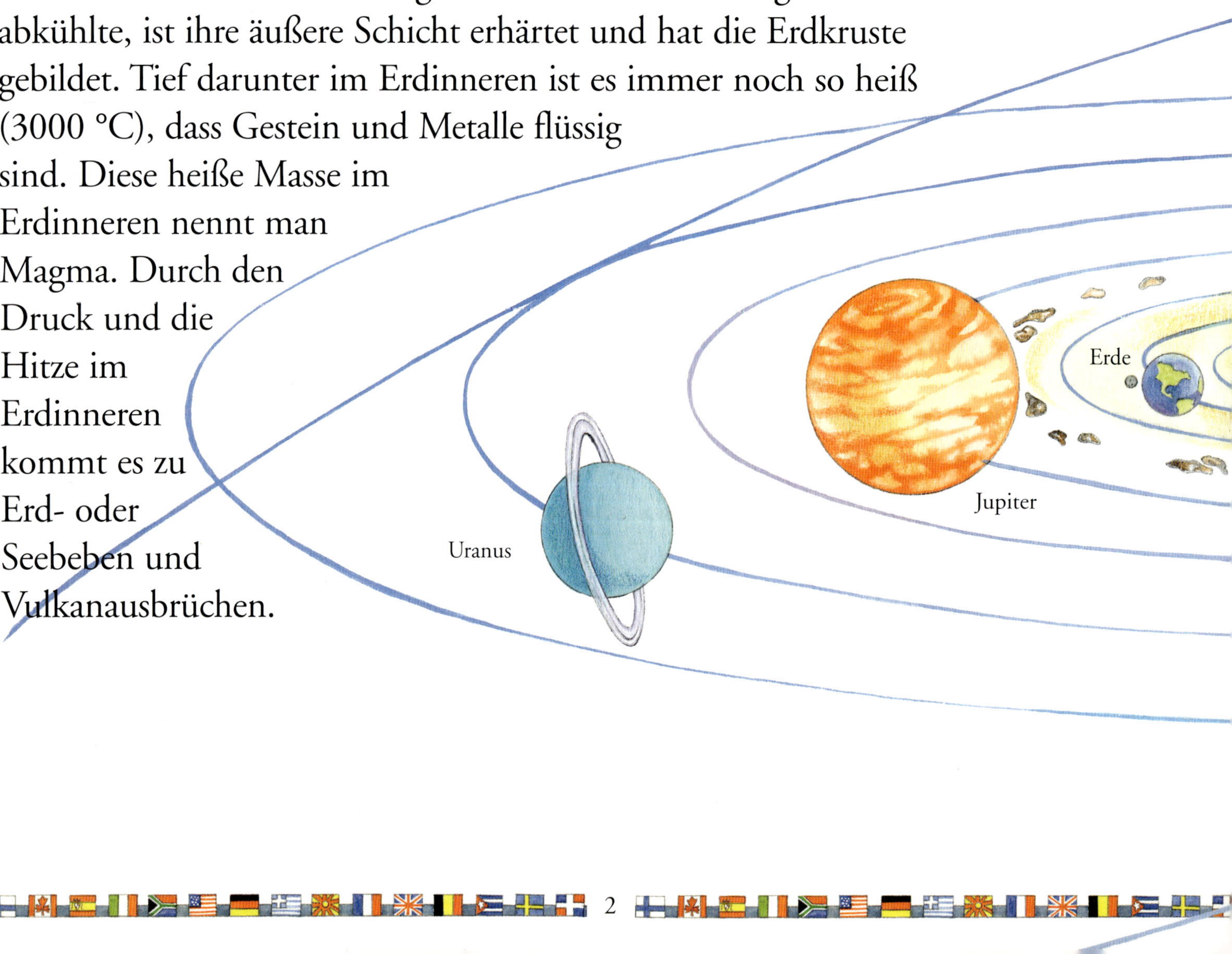

Die Erde kreist um die Sonne und dreht sich dabei. Weil die Erde rund ist, scheint das Sonnenlicht immer nur auf den Teil der Erde, der zur Sonne gewandt ist. Auf der anderen Seite der Erde ist dann Nacht. Für eine Umdrehung braucht die Erde 24 Stunden, also einen Tag.

Weil die Erdachse schräg steht, wird die Erdoberfläche ungleichmäßig von der Sonne beschienen. Besonders sonnig ist es auf der Nordhalbkugel im Sommer. Im Winter dagegen bekommt der gleiche Teil der Erde weniger Sonnenlicht. Die Sonne braucht ein Jahr, um die Sonne einmal zu umrunden, und wir erleben dabei vier Jahreszeiten.

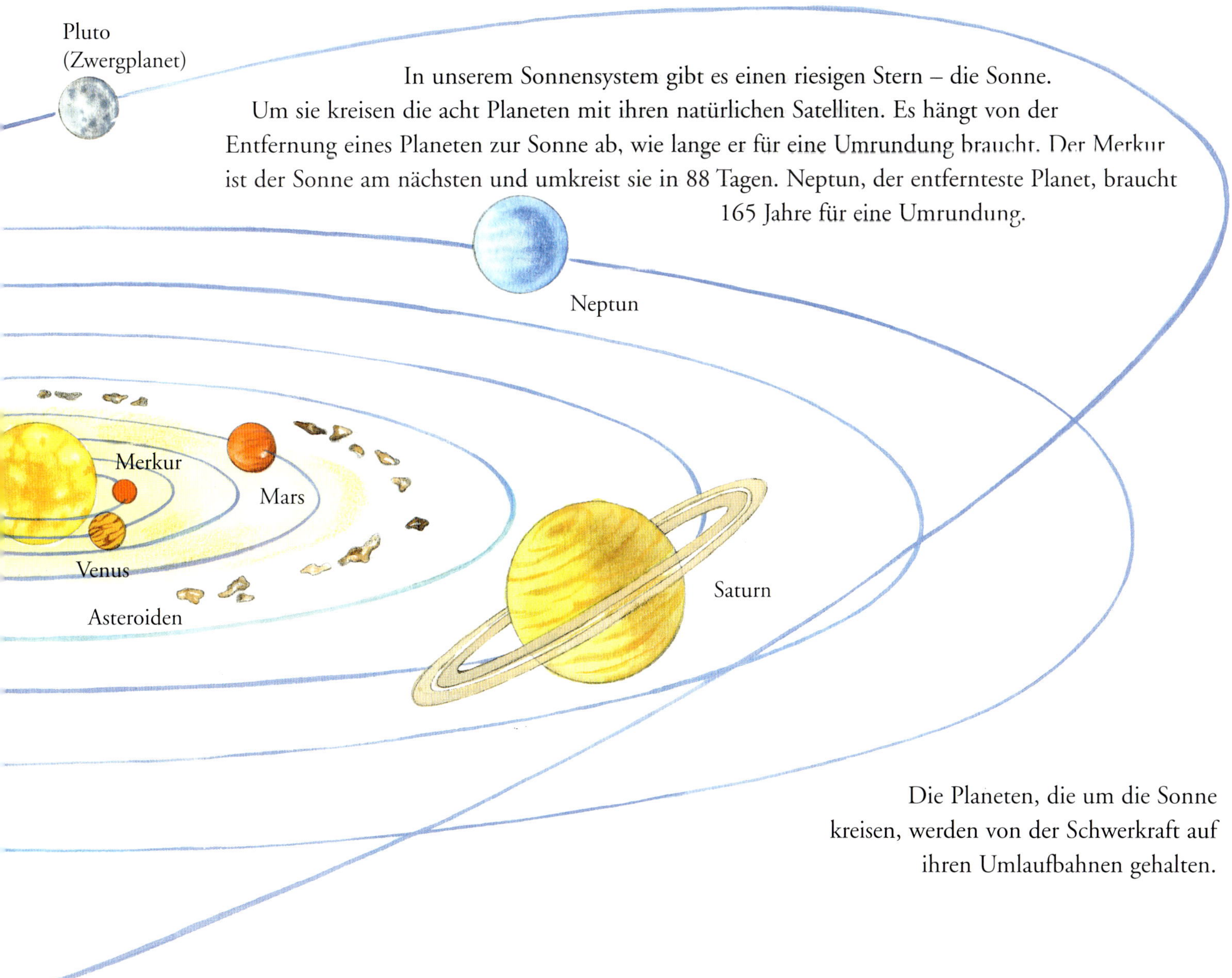

In unserem Sonnensystem gibt es einen riesigen Stern – die Sonne. Um sie kreisen die acht Planeten mit ihren natürlichen Satelliten. Es hängt von der Entfernung eines Planeten zur Sonne ab, wie lange er für eine Umrundung braucht. Der Merkur ist der Sonne am nächsten und umkreist sie in 88 Tagen. Neptun, der entfernteste Planet, braucht 165 Jahre für eine Umrundung.

Die Planeten, die um die Sonne kreisen, werden von der Schwerkraft auf ihren Umlaufbahnen gehalten.

Die Menschen

Etwa 6,7 Milliarden Menschen leben auf der Erde, aber sie sind nicht gleichmäßig über alle Länder verteilt. Gebiete mit schwierigen Lebensbedingungen sind fast menschenleer, zum Beispiel Wüsten und Polargebiete. Die meisten Menschen leben in großen Städten, wo sie leicht Arbeit und Wohnungen finden und ihren Lebensunterhalt verdienen können. Etwas mehr als eine Milliarde Menschen leben in den weit entwickelten Ländern. Die Länder mit der dichtesten Bevölkerung liegen in Europa und Asien.

Jeden Tag kommen 250 000 Kinder zur Welt. Wenn die Bevölkerung in diesem Tempo weiterwächst, werden im Jahr 2100 etwa 10 Milliarden Menschen auf der Erde leben.

Jedes Volk hat seine eigenen Traditionen, Sitten und Religionen. Auch im Aussehe können sich die Menschen se stark voneinander unterscheide

Der Norden Asiens gehört zu den Gebieten der Erde, in denen nur sehr wenige Menschen leben.

In den vergangenen 50 Jahren sind immer mehr Menschen vom Land in die großen Städte gezogen.

China und Indien sind die bevölkerungsreichsten Länder der Erde. Hier leben etwa 2 Milliarden Menschen. Jeder fünfte Mensch lebt in China.

Die Bevölkerungsdichte (Anzahl der Menschen pro Quadratkilometer) ist von Land zu Land unterschiedlich. In Deutschland leben 230 Menschen pro Quadratkilometer, in Australien nur 2.

Die Erde

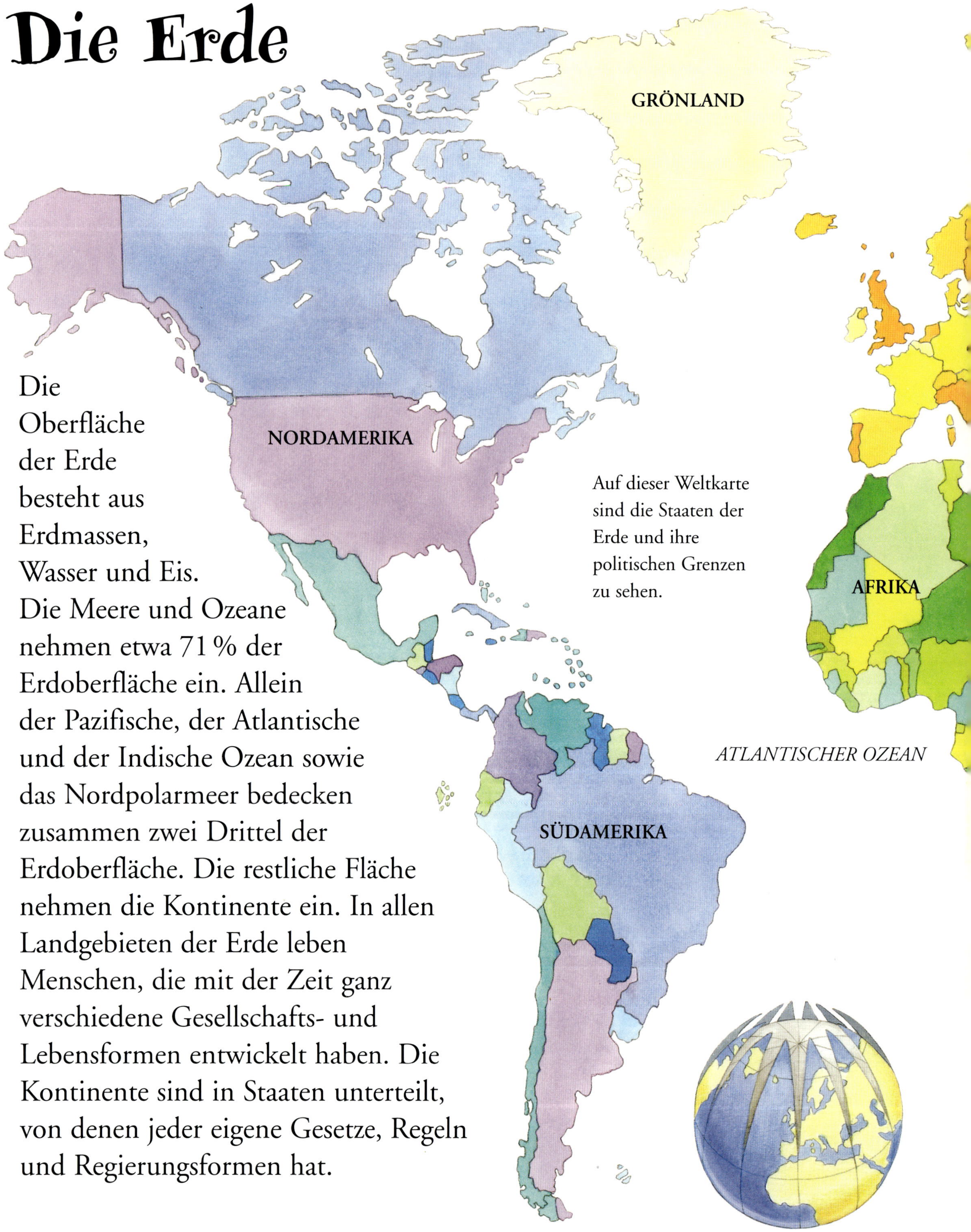

Die Oberfläche der Erde besteht aus Erdmassen, Wasser und Eis. Die Meere und Ozeane nehmen etwa 71 % der Erdoberfläche ein. Allein der Pazifische, der Atlantische und der Indische Ozean sowie das Nordpolarmeer bedecken zusammen zwei Drittel der Erdoberfläche. Die restliche Fläche nehmen die Kontinente ein. In allen Landgebieten der Erde leben Menschen, die mit der Zeit ganz verschiedene Gesellschafts- und Lebensformen entwickelt haben. Die Kontinente sind in Staaten unterteilt, von denen jeder eigene Gesetze, Regeln und Regierungsformen hat.

Auf dieser Weltkarte sind die Staaten der Erde und ihre politischen Grenzen zu sehen.

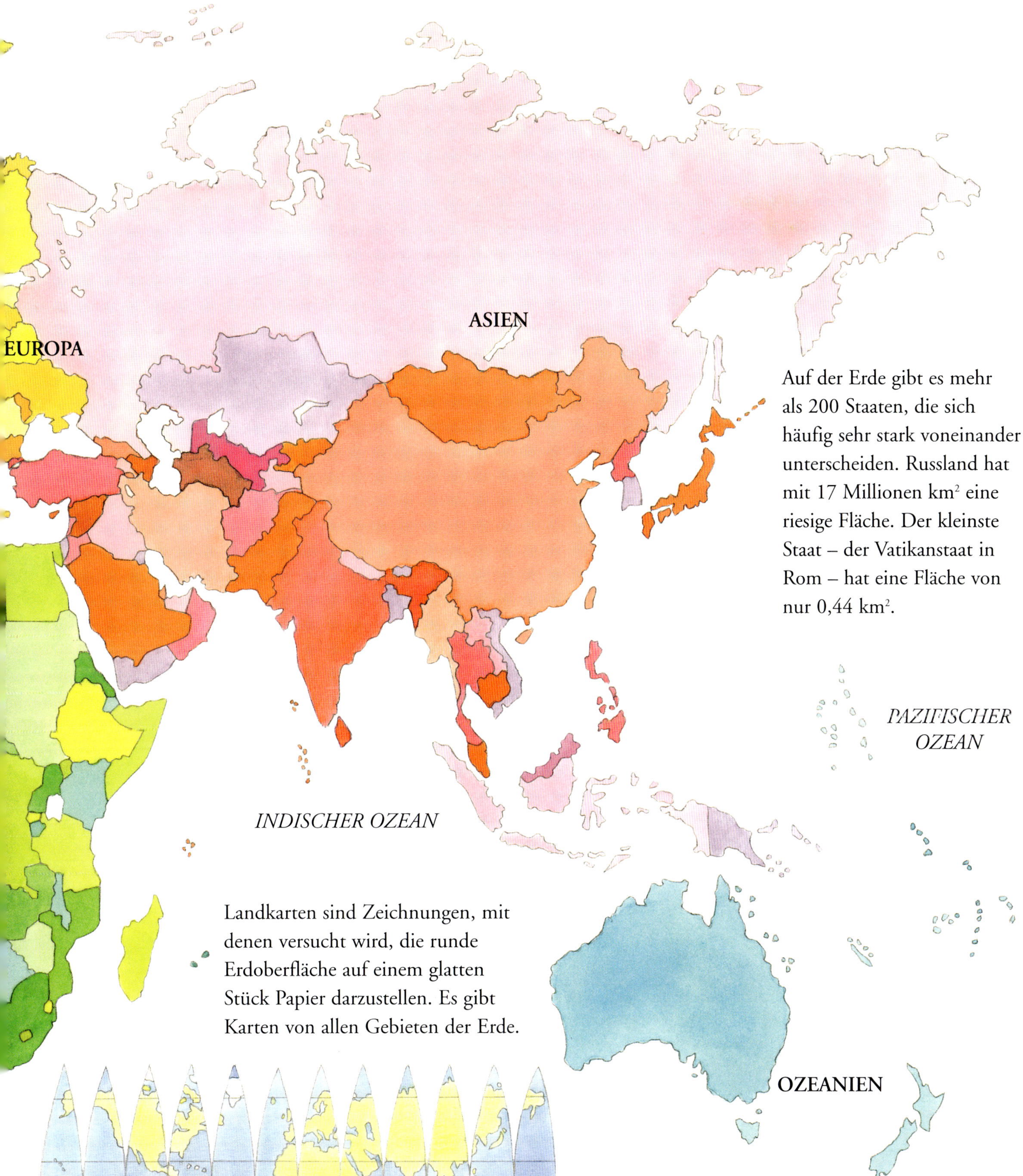

Auf der Erde gibt es mehr als 200 Staaten, die sich häufig sehr stark voneinander unterscheiden. Russland hat mit 17 Millionen km² eine riesige Fläche. Der kleinste Staat – der Vatikanstaat in Rom – hat eine Fläche von nur 0,44 km².

Landkarten sind Zeichnungen, mit denen versucht wird, die runde Erdoberfläche auf einem glatten Stück Papier darzustellen. Es gibt Karten von allen Gebieten der Erde.

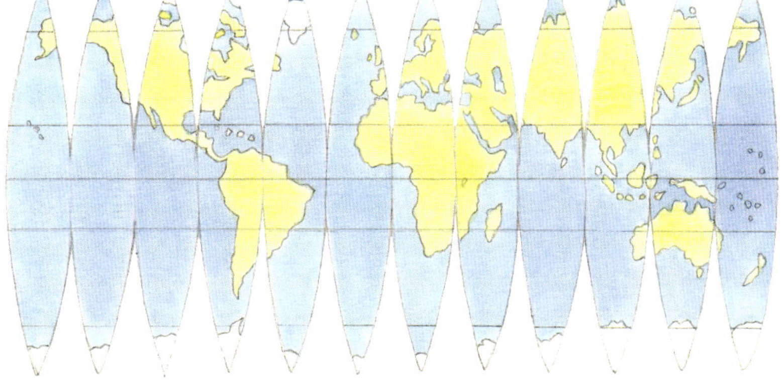

Jeder Staat hat eine Flagge, die einzigartig ist und als nationales Symbol dient.

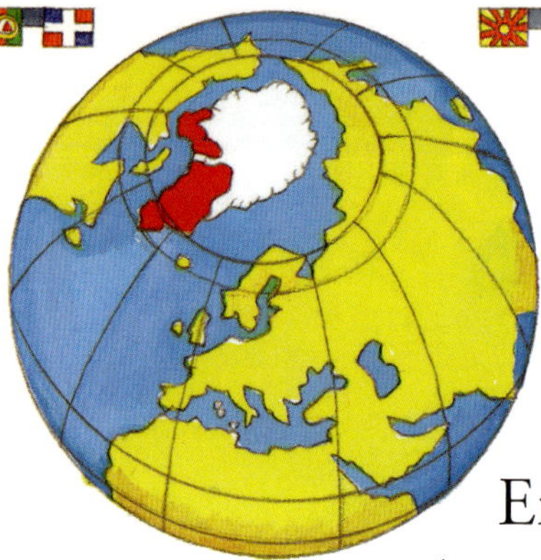

Die Arktis

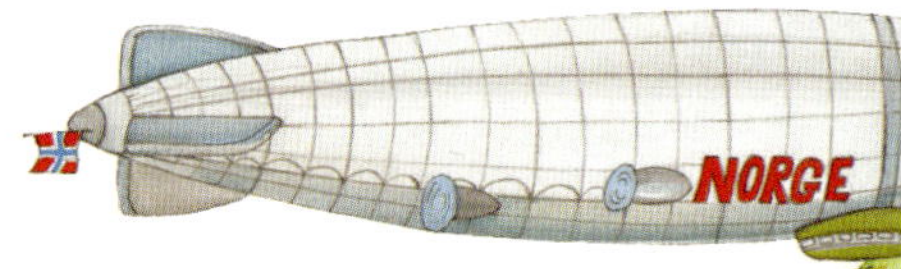

Die Arktis liegt ganz im Norden der Erde. Sie besteht aus dem Nordpolarmeer, das meist zugefroren ist, und vielen Inseln. Der Nordpol ist ein geografischer Punkt, der fast genau in der Mitte des Nordpolarmeers liegt. Im Winter bleibt es hier tagelang völlig dunkel, während im Sommer die Sonne eine Zeitlang fast gar nicht untergeht. Dann schmilzt an einigen Stellen der Schnee.

Die Inuit, die in der Arktis wohnen, haben sich an die eisigen Bedingungen angepasst. Eisbären und Seehunde leben auf dem Packeis und jagen im eisigen Meer. Karibus, Rentiere, Polarfüchse und Moschusochsen sind in der angrenzenden Tundra zu Hause.

Die Wikinger

Um 985 entdeckte der berühmte Seefahrer Erik der Rote Grönland. Sein Sohn brach schon 500 Jahre vor Kolumbus nach Amerika auf. Die Schiffe der Wikinger nennt man Drachenboote, weil sie am Bug einen geschnitzten Drachenkopf trugen. Der Kopf erhob sich über die Wellen und erschreckte die Feinde der Wikinger. Es heißt, die Drachen sollen auch böse Geister verjagt haben.

Die Inuit

Die Inuit lebten in der Arktis in Häusern aus Eis, die man Iglus nennt. Zur Fortbewegung auf dem Eis benutzten sie Schlitten, die von Hunden gezogen wurden.

Das Packeis

Die Eisschicht auf der nördlichen Polkappe ist an einigen Stellen zwei Kilometer dick.

Im kalten Wasser rings um das Packeis leben viele Fische, darum kommen auch Orcas zum Fressen hierher.

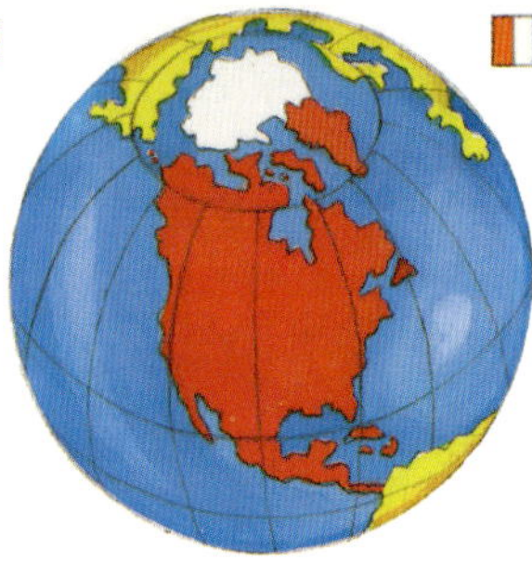

Nordamerika

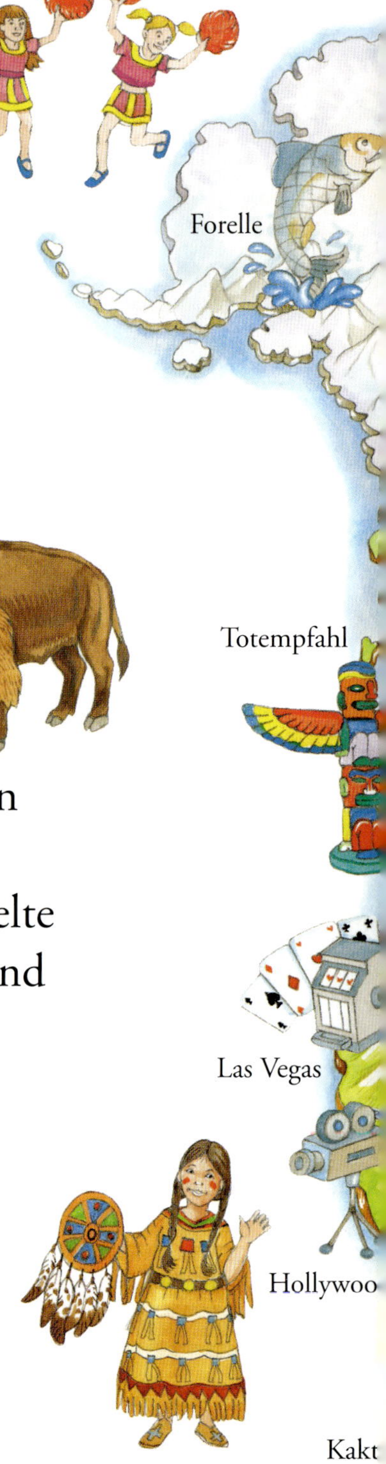

Nordamerika ist ein großer Kontinent, der von den Polargebieten bis zum Äquator reicht. Kanada und die USA nehmen drei Viertel seiner Fläche ein. Wegen der großen Ausdehnung gibt es in Nordamerika verschiedene Klimazonen. Auf einer Reise von Norden nach Süden sieht man Gletscher, Seen und Wälder, Wüsten und tropische Wälder. Entlang der Westküste erstreckt sich ein langes Gebirge, die Rocky Mountains. In Nordamerika liegen einige der größten Städte der Welt, aber auch weite, unbesiedelte Gebiete. Millionen von Menschen aus allen Teilen der Welt sind nach Nordamerika ausgewandert, weil sie hofften, dort bessere Lebensbedingungen zu finden.

Sport
Baseball und *Basketball* sind zwei Spiele, die in Nordamerika erfunden wurden, aber heute in aller Welt beliebt sind. Die beliebteste Sportart ist aber der *American Football.*

Indianer
Diese Ureinwohner Nordamerikas lebten in Stämmen zusammen, die ganz verschiedene Bräuche, Sitten und Zeremonien hatten. Sie waren hauptsächlich Jäger und Krieger.

Die Freiheitsstatue

Am Hafen von New York ragt die große Freiheitsstatue auf. Sie wurde dort 1886 aufgestellt und war ein Geschenk Frankreichs an die USA, als ein Sinnbild der Freiheit.

Karavelle

Kolumbus

1492 erreichte das Schiff von Christoph Kolumbus die „Neue Welt“. Der Seefahrer, der im spanischen Hafen Palos in See gestochen war, dachte zuerst, er sei in Indien gelandet. Darum nannte er die ersten Menschen, denen er begegnete, Indianer.
Etwa 125 Jahre später gründeten die Engländer eine Kolonie in Plymouth, und die ersten Franzosen ließen sich zuvor in Kanada nieder.

Südamerika

Perlen

rosa Flamir

Pelikan

Entlang der gesamten Westküste Südamerikas zieht sich bis nach Patagonien die lange Gebirgskette der Anden. Im Norden des Kontinents befinden sich riesige tropische Regenwälder, durch die sich der Amazonas schlängelt, der zweitlängste Fluss der Erde.

Weiter südlich liegt auf zwei Hochplateaus die Pampa, eine große Steppe, auf der Millionen von Rindern grasen. An der Südspitze Südamerikas ist es kalt und stürmisch. Dort liegt Kap Hoorn, dessen Felsen Seefahrer fürchten. Die Ureinwohner stammen von den präkolumbianischen Völkern ab. Außerdem leben dort Europäer, Afrikaner und Mestizen. Spanisch und Portugiesisch sind die wichtigsten Sprachen. Auf den Hochplateaus der Anden leben noch heute alte indioamerikanische Völker. Hier erheben sich die alten Inka-Städte, darunter das berühmte Machu Picchu.

Gürteltier

Der Ameisenbär

Der Ameisenbär hat eine sehr lange Schnauze. Sein Maul vorn an der Spitze ist so klein, dass gerade die Zunge hindurchpasst. Er hat keine Zähne, sondern leckt mit seiner langen, klebrigen Zunge Ameisen und Termiten auf, von denen er sich ernährt.

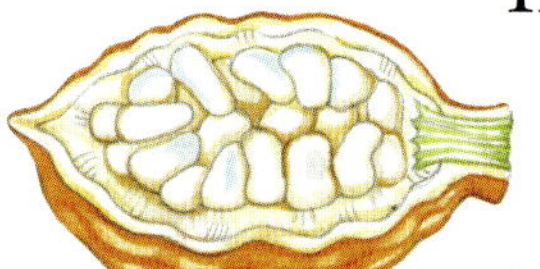

Kakao

Tomate

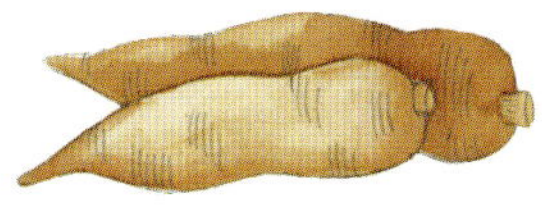

Maniok

Kaffee

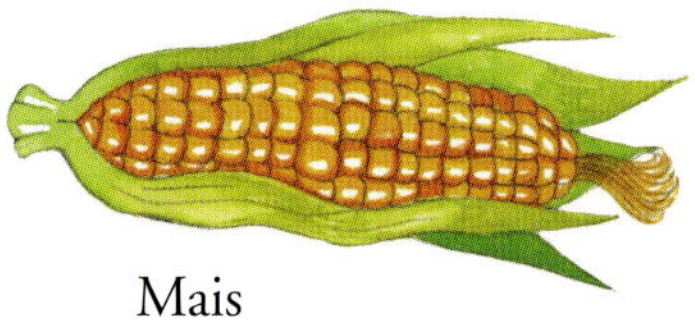

Mais

Kartoffeln

Lebensmittel aus Südamerika

Lange bevor Kolumbus in Amerika ankam, wurden dort Pflanzen angebaut, die man woanders nicht kannte: Kakao, Mais, Kartoffeln, Tomaten und Tabak. Die Entdecker nahmen sie mit zurück nach Europa, und bald verbreiteten sich diese Kulturpflanzen über die ganze Welt.

Landwirtschaft

Etwa die Hälfte der Südamerikaner lebt von der Landwirtschaft. Es gibt dort große Plantagen, auf denen Kaffee, Zuckerrohr, Weizen und Mais angebaut werden. Aber in Südamerika gibt es auch wertvolle Bodenschätze, wie Gold, Silber, Erdöl und Edelsteine.

Kamel-Verwandtschaft

In Südamerika leben vier Tierarten, die mit den Kamelen verwandt sind: das Lama, das Alpaka, das Guanako und das Vikunja, das als Einziges nicht als Nutztier gehalten wird. Aus dem Fell aller vier Arten wird Wolle von hoher Qualität hergestellt.

Tropischer Regenwald

n größten tropischen Regenwald er Welt, der im Amazonasbecken egt, leben unzählige Tierarten. Ein nziger Baum kann dort mehr als 00 verschiedenen Tierarten ebensraum bieten.

Europa

Europa ist ein recht kleiner Kontinent, auf dem aber viele Menschen leben, die verschiedene Sprachen sprechen. Geografisch trennt das Ural-Gebirge Osteuropa von Asien, ansonsten wird Europa von Meeren begrenzt: im Süden vom Mittelmeer, im Norden und Westen vom Atlantischen Ozean. Die Bewohner Südeuropas haben gemeinsame Vorfahren, die teils auf die Griechen und Römer zurückgehen. In Nordeuropa lebten vor 1000 Jahren die Wikinger. Noch viel älter ist die Kultur der Germanen und Kelten, deren Spuren man noch heute vorwiegend auf den britischen Inseln findet.

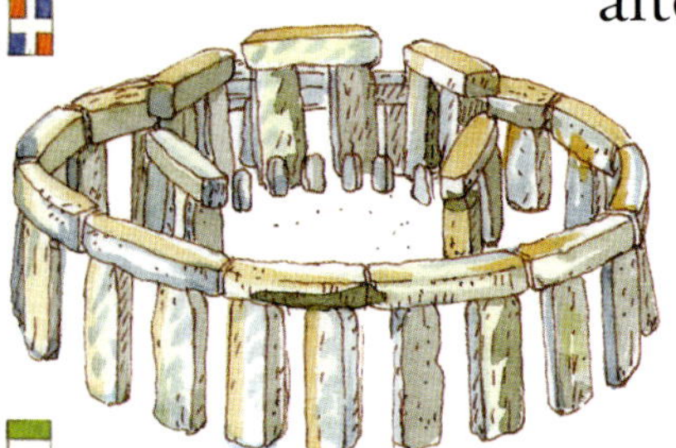

Stonehenge
Die keltische Kultstätte entstand vor 5000 Jahren. Bis heute ist der Kreis aus riesigen Steinen eines der faszinierendsten Geheimnisse der Frühgeschichte.

Kinderbücher
Viele weltberühmte Kinderbücher wurden in England geschrieben, darunter *Alice im Wunderland*, *Peter Pan* und *Gullivers Reisen*. Der Däne Hans Christian Andersen schrieb das Märchen *Die kleine Meerjungfrau*, deren Statue heute das Wahrzeichen der Stadt Kopenhagen ist.

Der Weihnachtsmann

Die Geschichte vom Weihnachtsmann ist in Nordeuropa entstanden, hat sich aber inzwischen in alle Länder der Welt verbreitet.

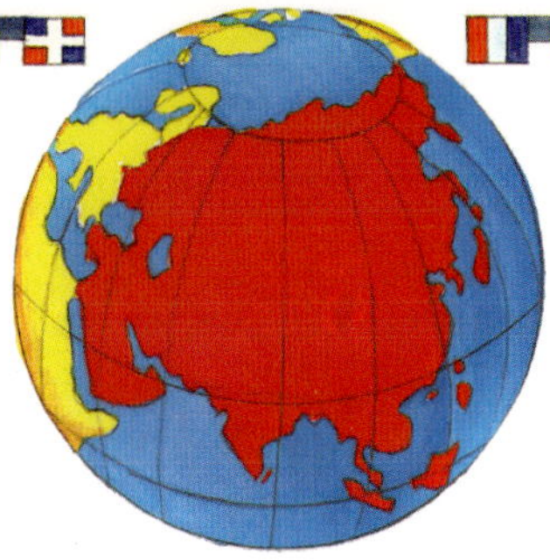

Asien

Asien ist der größte Kontinent der Erde. Er nimmt ein Drittel der Landfläche ein. Reist man vom Nordpolarmeer bis zum Äquator, sieht man unterschiedlichste Landschaften und Klimazonen: das höchste Gebirge mit dem höchsten Berg der Welt, dem Mount Everest, den größten (Kaspisches Meer) und tiefsten See (Baikalsee) der Welt, Wüsten und Steppen. In Asien leben etwa vier Milliarden Menschen. Viele der alten Zivilisationen und Religionen haben ihren Ursprung in Asien. Zum Erdteil der Rekorde gehört Russland, das Land mit der größten Fläche, und China, das Land mit den meisten Einwohnern.

Öltanker

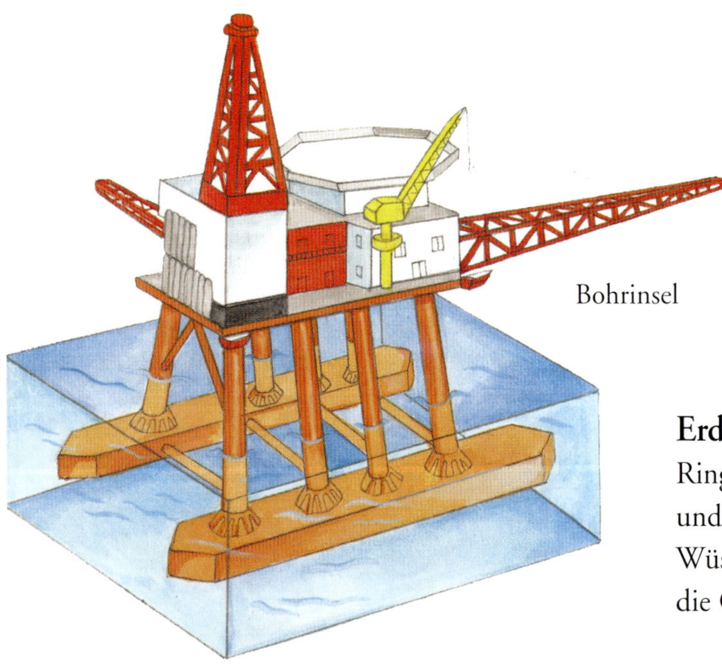

Bohrinsel

Erdöl

Rings um den Arabischen Golf liegen einige der wichtigsten Erdöl- und Erdgasgebiete der Welt. Bohrtürme zwischen den Dünen in der Wüste und Bohrinseln an der Küste fördern das »Schwarze Gold« an die Oberfläche.

Große Entdeckung

1974 gruben chinesische Bauern einen Brunnen und entdeckten dabei die Tonstatue eines Kriegers, die einem Kaiser als „Wächter" mit ins Grab gegeben worden war. Bald entdeckte man 7000 weitere Kriegerstatuen.

Die Samurai

Die Samurai waren Krieger im alten Japan. Sie kämpften im Dienst ihres Herrn bis zum Tod.

Zwei Milliarden!

Viele Einwohner Chinas und der Indischen Halbinsel leben immer noch auf dem Land und bauen Reis und Weizen an.

Afrika

In Afrika liegt die größte Wüste der Erde, die Sahara. Die Mittelmeerküste hat ein milderes Klima und ist recht dicht besiedelt. Durch die Wüste ziehen nur Karawanen von Nomaden, die auf der Suche nach Wasser und Weideflächen für ihr Vieh sind. Weiter südlich schließt sich die trockene Sahel-Zone an, dann folgen große tropische Regenwälder, durch die sich der Fluss Kongo schlängelt. In der Mitte des Kontinents, wo Löwen zu Hause sind, liegt der Berg Kilimandscharo, dessen Gipfel immer von Schnee bedeckt ist. Weiter südlich erstrecken sich Steppen und Wüsten bis zum Kap der Guten Hoffnung. Madagaskar, die größte Insel Afrikas, ist berühmt wegen ihrer einzigartigen Tier- und Pflanzenwelt.

Märkte
Auf den Märkten Afrikas geht es sehr bunt und lebendig zu. Die Menschen treffen sich hier, um einzukaufen, Waren anzubicten und Neuigkeiten auszutauschen.

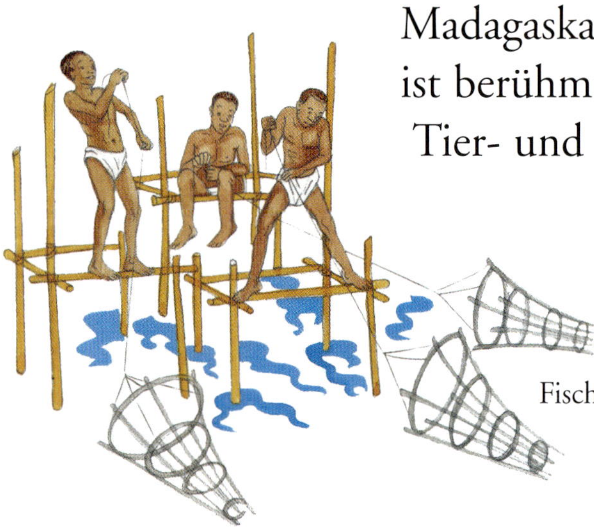

Fischer im Kongo

Fischfang
Strömungen vom Atlantik zum Golf von Bengalen bringen viele Fische zu den Küsten Afrikas. Die Einheimischen errichten Gerüste im Meer, steigen hinauf und gehen mit Körben, die man Reusen nennt, auf Fischfang.

afrikanischer Markt

Das Alte Ägypten

Vor Jahrtausenden entwickelte sich am Nil die ägyptische Kultur. Die Pyramiden wurden als Grabmale für die Pharaonen, die ägyptischen Könige, gebaut. Auch die Hieroglyphen, eine sehr frühe Schrift, wurden in Ägypten erfunden.

Die Massai

Das kriegerische Volk der Massai lebt noch heute als Viehzüchter und Nomaden in Kenia.

Der Strauß

Der größte Vogel der Welt kann nicht fliegen, aber 65 km/h schnell laufen.

Ozeanien

Australien, Neuseeland, Neuguinea und zahllose kleine Inseln bilden gemeinsam Ozeanien. Australien ist eine Insel von der Größe eines kleinen Kontinents. Dort gibt es verschiedene Klimazonen mit Wäldern, Wüsten und Ackerland. Die meisten heutigen Einwohner sind Nachkommen von Menschen, die in den vergangenen 200 Jahren nach Australien ausgewandert sind.

Die Ureinwohner sind die Aborigines, die heute meist auch in den Städten und an der Südostküste Australiens wohnen.

Seefahrer

Experten meinen, dass die Bewohner Australiens und sogar der abgelegensten Inseln ursprünglich aus Neuguinea stammten. Die Maori fuhren mit selbst gebauten Kanus über das Meer nach Neuseeland und ließen sich dort nieder.

Das Känguru

Dieses Tier ist zum Symbol Australiens geworden. Das Weibchen trägt die Jungen im Bauchbeutel, bis sie groß genug sind, um selbst umherzulaufen.

Das Große Barriereriff

Vor der Nordostküste Australiens liegt das größte Riff der Erde. Es ist mehr als 2000 Kilometer lang und besteht aus zahllosen, winzigen Korallenskeletten.

Neuseeland

Neuseeland besteht aus mehreren Inseln, von denen die Nord- und die Südinsel die größten sind. Dort lebt auch das kriegerische Volk der Maori.

on-Tiki

on-Tiki hieß ein
nfaches Floß aus Holz
d Bambus, mit dem der
rwegische Seefahrer Thor
eyerdahl 1947 von Peru bis nach Polynesien
gelte. Er wollte beweisen, dass die
einwohner die Inseln seinerzeit
eichen und dort siedeln konnten.

Die Antarktis

Die Antarktis, eine riesige Insel, ist ständig von einer mächtigen Eisschicht bedeckt, die an einigen Stellen 3 Kilometer dick ist. Die Durchschnittstemperatur liegt bei –50 °C, und der Südpol ist der kälteste Ort der Welt. Bei so extremen Bedingungen können nur wenige Tiere überleben, und die meisten finden sich nur im kurzen Sommer an den Küsten ein: Seeschwalben und andere Seevögel, Albatrosse, Seehunde, Pinguine, Seeelefanten und Wale. Die Antarktis ist größer als Europa, aber unbewohnt. Außer Tieren kommen hierher nur Forscher und Touristen.

Eisberg

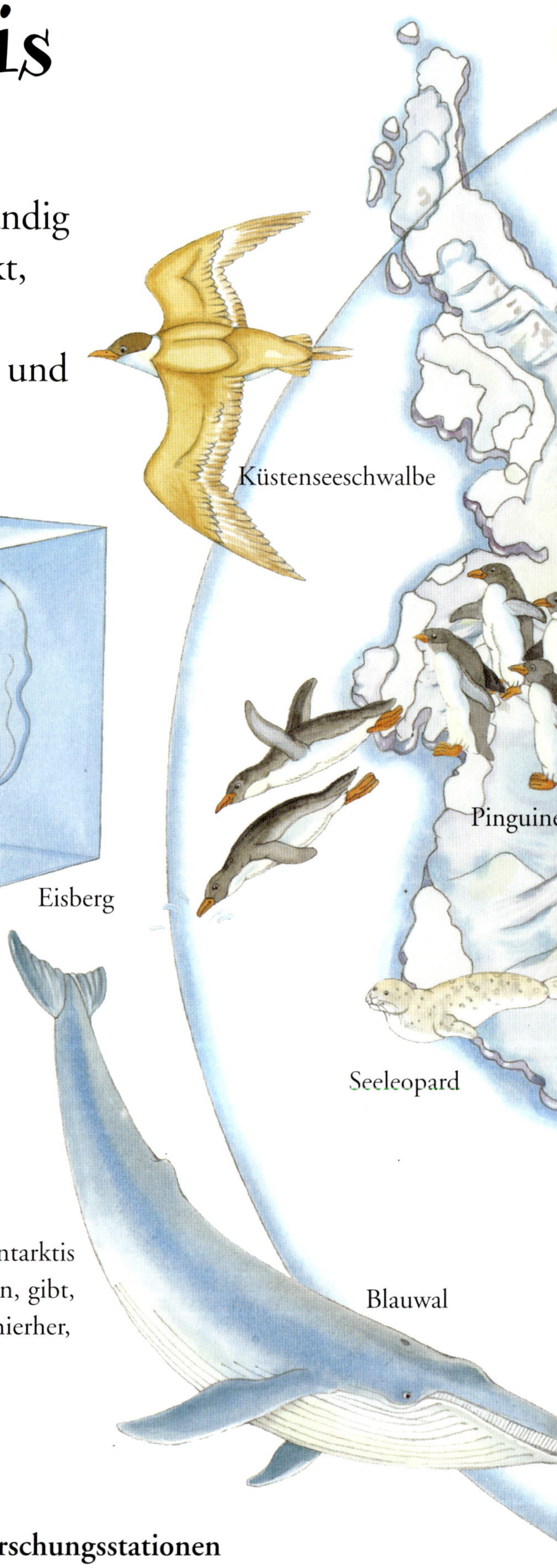

Krill

Weil es in den Meeren der Antarktis viel Krill, kleine Krebstierchen, gibt, kommen Wale Jahr für Jahr hierher, um sich satt zu fressen.

Forschungsstation Amundsen-Scott

Forschungsstationen

In der Antarktis wurden mehrere Forschungsstationen errichtet. Meteorologen und andere Wissenschaftler aus verschiedenen Ländern verbringen dort manchmal mehrere Monate.

Expeditionen

Zu Beginn des 20. Jahrhunderts brachen mehrere Forscher zum Südpol auf. Der erste, dem es gelang, war der Norweger Roald Amundsen am 14. Dezember 1911. Einen Monat später kam der Brite Robert Scott am Südpol an, er und sein Team starben aber auf dem Rückweg.

Seeleopard

Seeleoparden können bis 4 Meter lang werden. Sie jagen an den Küsten der Antarktis Pinguine und junge Seehunde.

Seeleopard

Inhalt

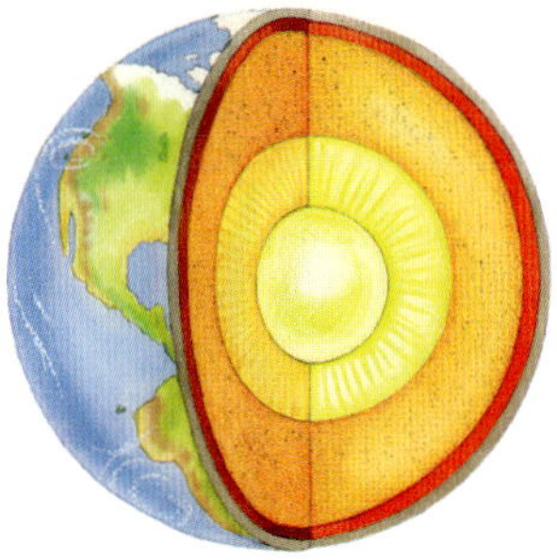

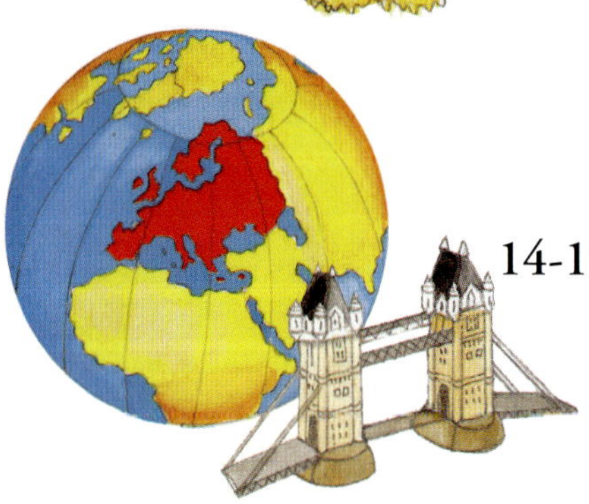

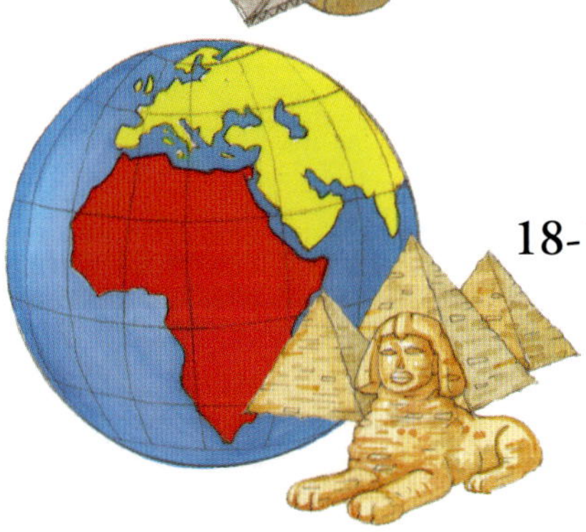

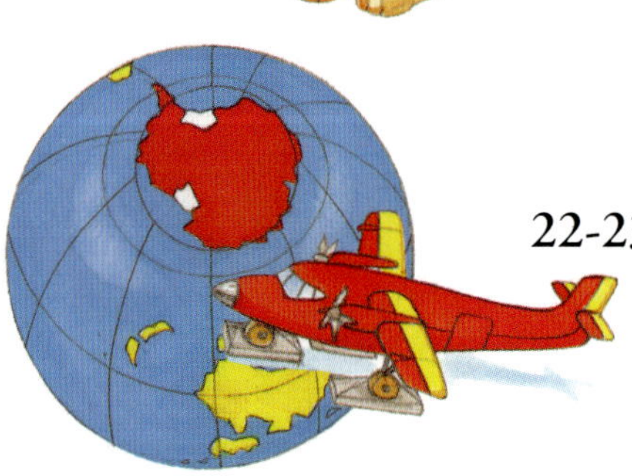